S. Agnes Shifani
G. Ramkumar
A. Hemavathy

Revisão sobre Várias Técnicas de Medição de Esforço com Aplicações

AF525403

S. Agnes Shifani
G. Ramkumar
A. Hemavathy

Revisão sobre Várias Técnicas de Medição de Esforço com Aplicações

ScienciaScripts

Imprint
Any brand names and product names mentioned in this book are subject to trademark, brand or patent protection and are trademarks or registered trademarks of their respective holders. The use of brand names, product names, common names, trade names, product descriptions etc. even without a particular marking in this work is in no way to be construed to mean that such names may be regarded as unrestricted in respect of trademark and brand protection legislation and could thus be used by anyone.

Cover image: www.ingimage.com

This book is a translation from the original published under ISBN 978-3-659-76163-8.

Publisher:
Sciencia Scripts
is a trademark of
Dodo Books Indian Ocean Ltd. and OmniScriptum S.R.L publishing group

120 High Road, East Finchley, London, N2 9ED, United Kingdom
Str. Armeneasca 28/1, office 1, Chisinau MD-2012, Republic of Moldova, Europe
Printed at: see last page
ISBN: 978-620-5-69268-4

Copyright © S. Agnes Shifani, G. Ramkumar, A. Hemavathy
Copyright © 2023 Dodo Books Indian Ocean Ltd. and OmniScriptum S.R.L publishing group

REVISÃO SOBRE VÁRIAS TÉCNICAS DE MEDIÇÃO DE DEFORMAÇÕES COM APLICAÇÕES - MONOGRAFIA

Sra. S. Agnes Shifani
Sr. G. Ramkumar
Sra. A. Hemavathy

Departamento de Engenharia Electrónica e de Comunicação
JeppiaarMaamallan Engineering College JeppiaarMaamallan
Nagar Sriperumbudur, Chennai - 602108 Tamilnadu, Índia

PREFÁCIO

O artigo introduz o conceito de medição de tensão e deformação. Em seguida, trata de diferentes tipos de deformação com fórmula. É breve sobre vários métodos usados para medição de deformação, como strain gauge, teste de tracção, vic-2d, grade de fibra brag, correlação digital de volume, método de correlação digital de manchas, correlação digital de imagem. Dá uma visão geral sobre a correlação de imagem digital e medição de deformação usando DIC

Sobre os Autores

A Sra. S. **Agnes Shifani** trabalha actualmente como professora assistente no Departamento de Engenharia Electrónica e de Comunicação, Jeppiaar Maamallan Engineering College, Chennai. Concluiu o seu B.E (Electronics and Tele Communication Engineering) e M.E (Applied Electronics) na Universidade de Sathyabama. Tem 8 anos de experiência de ensino e 3 anos de experiência de investigação em Processamento Digital de Imagem, fazendo a sua investigação em Processamento de Imagem no Instituto de Ciência e Tecnologia Sathyabama. A sua área de interesse é Processamento de Imagem e Processamento de Sinal. Tem várias publicações em Conferências Nacionais e Internacionais.

O Sr. **G. Ramkumar** trabalha actualmente como Professor Assistente no Departamento de Engenharia Electrónica e de Comunicação, Jeppiaar Maamallan Engineering College, Chennai. Concluiu o seu B.E (Engenharia Electrónica e de Comunicação) e M.Tech (VLSI Design) na Universidade de Sathyabama. Tem 6 anos de experiência de ensino e investigação em Processamento Digital de Imagem, fazendo a sua investigação em Processamento de Imagem no Instituto de Ciência e Tecnologia Sathyabama. Tem 15 publicações em Scopus/outras bases de dados. A sua área de interesse é Processamento de Imagem, VLSI Design e Processamento de Sinal.

A. Hemavathy, concluiu o seu B.E (Electronics and Communication Engineering) na Jeppiaar Maamallan Engineering College, Chennai. Ela tem várias publicações em revistas de renome. A sua área de interesse é Processamento de Imagem.

CONTEÚDO

01. INTRODUÇÃO

No século XXI, as estruturas e máquinas fabricadas pelo homem estão a tornar-se mais complexas do que antes. Como resultado, a deformação da superfície e a medição da deformação torna-se em última análise importante em muitas aplicações de engenharia e - na maioria das vezes - os valores de deformação obtidos são utilizados para visualizar os problemas de resistência num membro estrutural. Assim, é necessário um método preciso de medição de deformação, uma vez que resultados enganosos podem causar muitas perdas financeiras às indústrias e também colocar vidas humanas em risco. A fim de superar esta situação, foram inventados e melhorados diferentes tipos de deformação de superfície e métodos de medição de deformação para fazer face aos novos desafios enfrentados pelos engenheiros. Contudo, cada um dos métodos de medição da deformação de superfície tem as suas próprias vantagens e desvantagens.

A medição da deformação sempre foi central para os desenvolvimentos na engenharia estrutural. À medida que as estruturas em todo o mundo atingem o fim da sua vida útil prevista, há necessidade de técnicas de monitorização de campo mais robustas para determinar, em conjunto com modelos numéricos, se estas estruturas ainda estão aptas para o fim a que se destinam. Nos últimos vinte anos, tem havido um esforço significativo no desenvolvimento de ferramentas de teste e análise para a correlação e actualização de modelos analíticos utilizados para previsões dinâmicas estruturais. Nesse período, muitos métodos de redução de modelos foram desenvolvidos para correlação, a fim de determinar a adequação/actualidade dos modelos desenvolvidos. Além disso, foram desenvolvidas muitas abordagens para proporcionar a expansão das formas dos modos de medição necessárias para as metodologias de actualização utilizadas para refinar os modelos.

DIC é uma técnica nova e popular para a medição de deformação e deslocamento, a parte principal é a sua própria precisão e rapidez. Esta monografia é sobre a deformação e a sua medição através de diferentes métodos. Em geral, as técnicas DIC podem ser classificadas em 2D-DIC e 3D-DIC. 2D-DIC usando uma única câmara é fácil de implementar, rentável e muito útil, mas é geralmente limitada à medição da deformação no plano de objectos planos nominais, e os deslocamentos no plano medidos são susceptíveis a deslocamentos fora do plano de uma amostra de teste ocorridos após a carga.

Para ultrapassar as limitações do 2D-DIC, foi desenvolvido o 3D-DIC baseado na utilização de duas câmaras digitais sincronizadas e o princípio da estereovisão binocular. Em comparação com o 2D-DIC, o 3D-DIC é considerado mais preciso e prático, porque pode medir simultaneamente a forma e todos os três componentes de deslocamento tanto de superfícies planas como não planas dos espécimes. As imagens 3-D são muito regulares no nosso dia-a-dia. A medição do deslocamento é um papel importante na propriedade material. Em todos os campos, medimos o deslocamento e a deformação devido à deformação. No fabrico de automóveis, através da diminuição do peso do veículo. Na engenharia civil, aplicando em componentes de linha de feixe. No campo da monitorização da saúde estrutural, visualizando a imagem 3D completa do coração.

Nas últimas duas décadas, houve um crescimento tremendo dos modelos desenvolvidos, enquanto que os dados de teste correspondentes não cresceram a um ritmo tão rápido. Na década de 1980, o número de medições efectuadas pode atingir os 100 pontos de medição triaxial, enquanto que o modelo pode ter atingido o tamanho de 200.000 DOF. Naquela época, este desfasamento era um obstáculo significativo que precisava de ser enfrentado. Muitos algoritmos de redução/expansão foram desenvolvidos para proporcionar a melhor correspondência possível entre estes conjuntos de dados. Hoje em dia, o número de pontos de medição pode só cresceram até 450 pontos de medição triaxial, enquanto que o modelo de elementos finitos cresceu para mais de um milhão de DOF em muitas aplicações. Muitas técnicas de medição de vibrações em campo completo existem e são utilizadas actualmente. As formas comuns de obter medições de vibração incluem a utilização de uma vasta gama de acelerómetros e as propriedades de uma fonte de luz monocromática, tal como um laser. Este último método inclui numerosas técnicas, incluindo um vibrómetro laser de varrimento, cisalhamento digital de manchas, (DSI), interferometria electrónica de padrão de manchas (ESPI), e interferometria holográfica. A medição de campo completo de estruturas vibrantes é tipicamente conduzida ou ligando uma série de numerosos sensores à estrutura ou realizando medições com acelerómetro de roving (ou martelo modal).

2. MEDIÇÃO DE DEFORMAÇÃO

Em testes mecânicos e medições, é necessário compreender como um objecto reage a várias forças. A quantidade de deformação que um material experimenta devido a uma força aplicada é denominada deformação.

"A deformação é definida como a relação entre a alteração do comprimento de um material e o comprimento original, não afectado".

A deformação pode ser positiva, devido ao alongamento, ou negativa, devido à contracção. Quando um material é comprimido numa direcção, a tendência de expansão nas outras duas direcções perpendiculares a esta força é conhecida como o efeito Poisson.

"A razão de Poisson é a medida deste efeito e é definida como a razão negativa da tensão no sentido transversal à tensão no sentido axial".

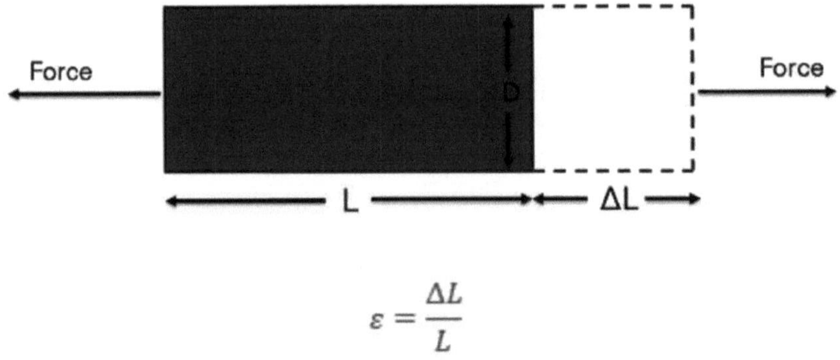

$$\varepsilon = \frac{\Delta L}{L}$$

Fig 1: Medição da deformação

As medições da deformação são muito importantes em todos os campos. Uma deformação em qualquer material pode ser definida como mudança de comprimento antes e depois da deformação ou extensão do objecto. As deformações estão envolvidas em muitas propriedades e parâmetros importantes do material (i.e. Curva tensão-deformação, Módulo de Young, Razão de Poisson, etc.). Recentemente, novas e mais complexas investigações estão a exigir medições de deformação em qualquer ponto dentro de uma área de interesse para melhorar o estudo do comportamento dos **materiais** e componentes estruturais. Por este motivo, os investigadores estão interessados num mapa de estirpes sobre toda uma superfície de espécimes. Alguns instrumentos convencionais, que medem estirpes (ou seja, strain gage e LVDT), não são acessíveis para criar mapas de estirpes, porque seria muito caro e pouco prático. Devido ao facto de os mapas de estirpes serem necessários para realizar novas investigações, foi desenvolvida uma nova tecnologia para obter estes resultados desejados.

Esta tecnologia é a correlação de imagem digital, que fornece um mapa de contornos de estirpes de toda uma superfície de um espécime sujeito a testes mecânicos. A deformação é a detecção do movimento a partir de uma sequência de imagens digitais amplamente utilizada em visão computacional e desenvolvida por muitos algoritmos. Isto para ajudar a compreender a

deformação do material através do mapeamento de deformação. O processamento de imagens contém muitas tecnologias para medir o deslocamento local e a deformação como strain gauge, metrologia de manchas, interferometria moire. Tais técnicas sofrem de limitação de características como o strain gauge apenas dizem respeito à área local discreta, o método moire dá um deslocamento completo e um mapa de deformação mas tecnicamente exigente, limitador e demorado. O Speckle com DIC permite encontrar deslocamento em material sob tensão incluindo material (madeira, borracha), pelo que requer melhoramento do contraste.

borracha), pelo que requer melhoramento do contraste.

3. TIPOS DE TENSÃO

Quando aplicamos uma força sobre um corpo, este sofrerá deformações e o seu comprimento aumentará ou diminuirá. O comprimento aumenta quando a força é elástica e diminui quando a força aplicada é compressiva.

O rácio de Mudança de dimensão em relação à dimensão original é chamado estirpe.

Tensão = a = **Alteração na dimensão/ dimensão original**

A deformação pode depender da deformação positiva e a deformação negativa como a deformação positiva depende do comprimento e a deformação negativa depende da contracção.

3.1 DIRECTA CORREIO

A tensão directa é que produz por causa da acção de tensões directas. Estas estirpes também são nomeadas como estirpes simples.

As estirpes directas são ainda categorizadas em dois subtipos.

1. Tensão de tracção
2. Tensão Compressiva

3.2 TENSILE STRAIN

A tensão de tracção é aquela que é produzida devido a tensões de tracção.

Fórmula

Tensão de tracção = fractura (Comprimento final - Comprimento original}{Comprimento original}]

3.3 TENSÃO COMPRESSIVA

Mancha compressiva é aquela que produz num corpo quando duas forças iguais e opostas tentam comprimir o corpo. Neste caso, o comprimento do corpo diminui à medida que a tensão compressiva tenta comprimir o corpo.

Fórmula

Tensão Compressiva=Diminuição no comprimento/ Comprimento original

3.4 CHEAR STRAIN

A tensão de cisalhamento é aquela tensão que produz sob a acção de tensões de cisalhamento. Neste caso, o corpo desloca-se transversalmente da sua posição original. A tensão de cisalhamento é a razão entre o deslocamento de cisalhamento transversal e o comprimento original.

Fórmula

Tensão de corte=Deslocamento transversal/ Comprimento original

3.5 TENSÃO VOLUMÉTRICA

Se um stress actua sobre um corpo de todos os três lados, então resulta numa mudança nas dimensões de um corpo de todos os lados. Esta mudança leva a uma mudança no seu volume.

Fórmula

Tensão Volumétrica=Mudança no volume / Volume Original

4. MÉTODOS DE MEDIÇÃO DE DEFORMAÇÃO

Existem várias técnicas para a medição de estirpes.

- Medidor de deformação
- Teste de tracção
- Vic-2d
- Grelha de Fibra de Bragg
- Método de Correlação Digital Speckle
- Correlação Digital de Volume
- Correlação de Imagem Digital

4.1 MEDIDOR DE COMPRIMENTO

Estava preso à superfície. O princípio baseia-se no facto de que a resistência eléctrica de um fio especialmente concebido aumenta com o aumento da tensão, e que diminui com a diminuição da tensão. Quando os extensómetros estão firmemente ligados a um material, assume-se que sofrem a mesma deformação que o material, e a medição da resistência eléctrica, permite então a avaliação da deformação.

No entanto, um único medidor de tensão de fio pode medir a tensão num só sentido. Nesse caso, a deformação principal e o ângulo entre a grelha do extensómetro e a deformação principal podem ser calculados. Os detalhes sobre os extensómetros de roseta podem ser consultados nas notas técnicas dos fabricantes. Uma série de investigações e artigos de revisão nos anos 70 descreveram como os medidores de tensão devem ser preparados e correctamente utilizados nas medições de tensão óssea *in vivo. Os extensómetros* podem ser usados para medir estirpes sobre a pele, contudo, um método de extensometria não é considerado apropriado para medir estirpes sobre a pele porque a rigidez de um extensometria é normalmente mais elevada do que a da pele. Além disso, não se podem obter distribuições de estirpes quando se utiliza um extensómetro.A utilização de extensómetros para medir a concentração de tensão tem algumas limitações inerentes. Primeiro, as características dimensionais dos extensómetros dificultam a sua instalação em locais com fortes alterações geométricas, que coincidem com as zonas de concentração de deformação nas junções soldadas, exigindo assim técnicas de extrapolação para estimar a deformação máxima real. Em segundo lugar, devido à natureza da geometria da soldadura, não é possível saber antecipadamente a localização exacta das deformações máximas, onde a falha é mais provável de ocorrer. A instalação incorrecta dos extensómetros conduz inevitavelmente a uma determinação inexacta do SCF. Para superar estes inconvenientes, a Digital Image Correlation (DIC) apresenta-se como uma alternativa muito valiosa, uma vez que permite determinar a estirpe sobre uma região de interesse completo.

Fig. 2. Medidores de tensão de roseta rectangular de 45°.

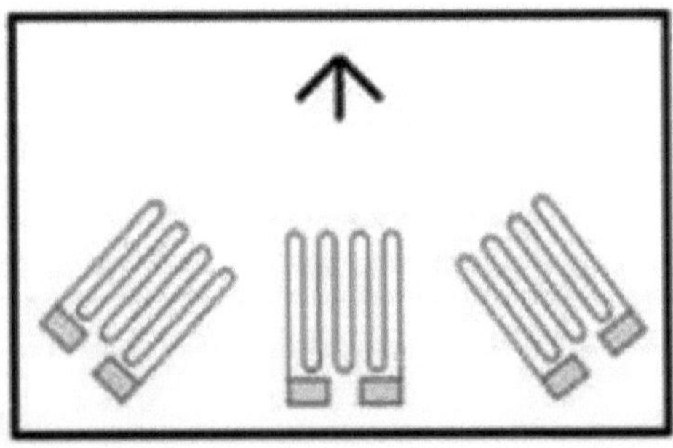

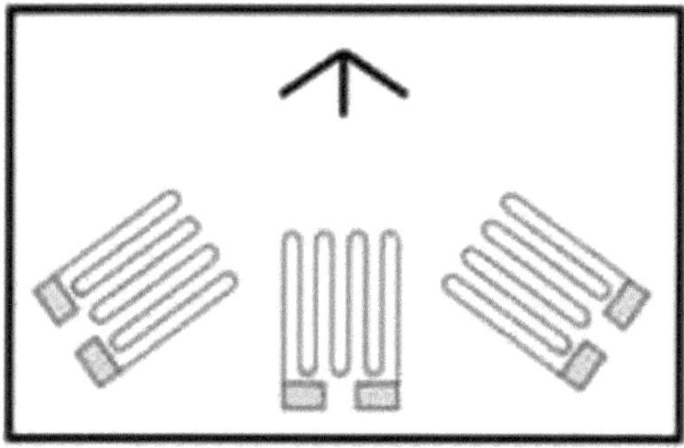

Fig 3: Medidores de tensão de roseta

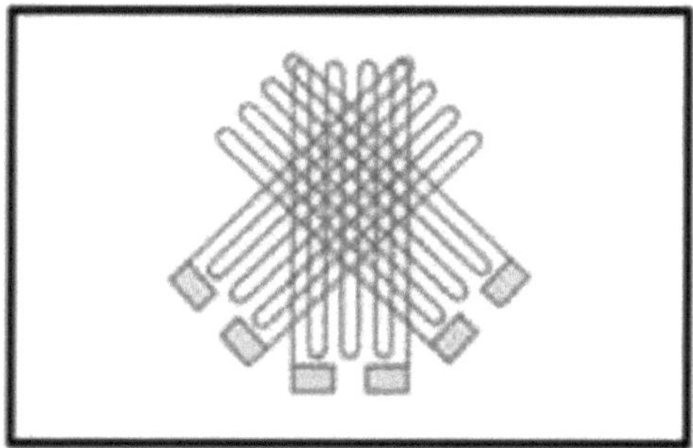

Fig 4: Medidores de tensão de roseta de construção empilhados

4.1.1 TIPOS DE MEDIDORES DE TENSÃO

Strain Gages metálicos

A alteração da resistência de um condutor eléctrico devido ao impacto do stress mecânico, como descoberto pelo Wheatstone, tornou-se o tema de estudo na década de 1930. Foram experimentados vários avanços, e finalmente Ruge pegou num fio de resistência muito fino, colou-o em forma de meandro a algum papel de tecido fino e terminou as extremidades com ligações mais espessas. A fim de estudar as características deste dispositivo protótipo, colou-o a um feixe de dobragem e comparou o 13 medições com um dispositivo tradicional de medição de tensão. Descobriu uma boa correlação com uma relação linear entre a deformação e os valores apresentados ao longo de toda a gama de medição, tanto com deformação positiva como com negativa, isto é, compressiva, incluindo uma boa estabilidade de ponto zero.

Strain Gages de Semicondutores

Existem outros tipos de extensómetros resistivos eléctricos para além dos extensómetros de metal. O princípio de medição dos extensómetros semicondutores baseia-se no efeito piezo-resistivo dos semicondutores descoberto por C.S. Smith em 1954. Primeiro foi utilizado germânio e mais tarde silício. Os extensómetros semicondutores são como os extensómetros metálicos em construção.

O elemento de medição inclui uma tira com algumas décimas de milímetro de largura e algumas centésimas de milímetro de espessura que é fixada a uma folha isolante de suporte e é fornecida com cabos de ligação. Um fio de ouro fino suprime os efeitos dos díodos como uma ligação entre o elemento semicondutor e as tiras de ligação. Os extensómetros de semicondutores são utilizados para medir estirpes muito pequenas. O grande sinal dado por este tipo de extensômetro é benéfico na presença de fortes campos de interferência.

Fig 5: Representação diagramática de um strain gage semicondutor

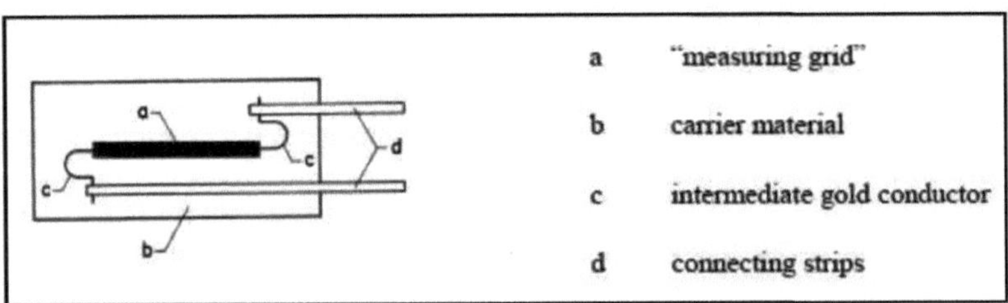

Strain Gages Vapor-Deposited

Isto é fornecido por técnicas de deposição de vapor. Neste caso, o elemento de medição é depositado directamente no ponto de medição sob vácuo pela vaporização dos constituintes da liga. As aplicações são restritas à produção de transdutores.

Fig 6: Strain gage de película fina no corpo da mola de um transdutor

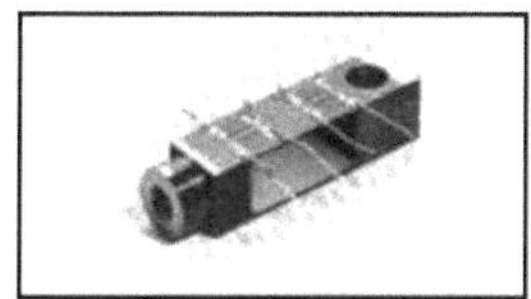

Strain Gages Capacitivos

O strain gage capacitivo (figura 4) é considerado como uma alternativa aos strain gages convencionais para utilização a altas temperaturas para além do limite dos strain gages metálicos. Existem actualmente três versões conhecidas:

> Um desenvolvimento britânico pelos Central Electricity Research Laboratories (C.E.R.L.), em cooperação com a empresa Planer. Aqui é utilizado um condensador de placas onde a separação das placas muda em função da tensão a ser medida.

> Um desenvolvimento americano da Boeing Aircraft que é construído como um condensador diferencial.

> Um desenvolvimento alemão da Inter atom. É também construído como um condensador de placas. Os transdutores capacitivos são fixados ao objecto de teste com técnicas de soldadura por pontos. É possível obter bons resultados com strain gages capacitivos na gama de temperaturas até cerca de 500°C. Os resultados estão na gama de até 800°C.

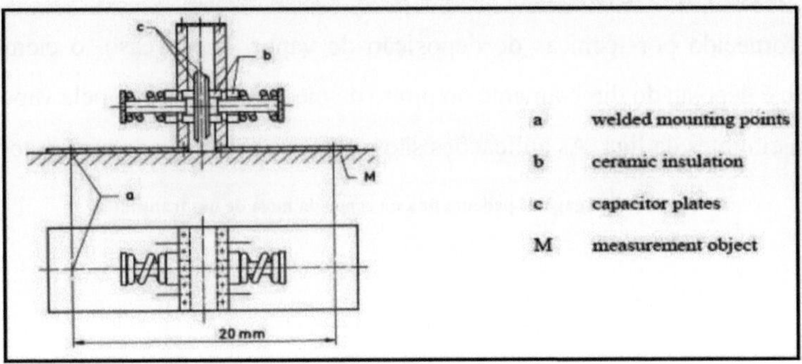

Fig 7: Diagrama de um strain gage capacitivo da Interatom.

Strain Gages Piezoeléctricos

Os strain gages piezoeléctricos são dispositivos activos. O material de detecção de estirpes é titanato de bário. Quando comparado com os transdutores piezoeléctricos que utilizam o quartzo como material sensor, o strain gage fornece uma carga eléctrica nas suas superfícies que é proporcional à deformação e que pode ser medida com amplificadores de carga.

Foto elástico Strain Gages

Uma tira fabricada a partir de material activo com stress óptico exibe um campo isocromático como resultado de um "congelamento", aumentando continuamente o stress. A isocromatografia é deslocada em resultado da estirpe. O grau de deslocação que é lido numa escala é uma medida da estirpe. Este tipo de extensometria é feito nos EUA. Não têm quaisquer benefícios específicos e já não estão disponíveis comercialmente.

Strain Gages Mecânicos

Estes dispositivos são vistos com pouca frequência, mas têm uma longa tradição. Normalmente só podem ser aplicados a objectos maiores devido à sua construção. O efeito de medição é demonstrado por um traço riscado numa placa metálica ou num cilindro de vidro, que pode ser estudado apenas no final do teste sob um microscópio. Esta desvantagem é um pouco compensada pela grande amplitude térmica.

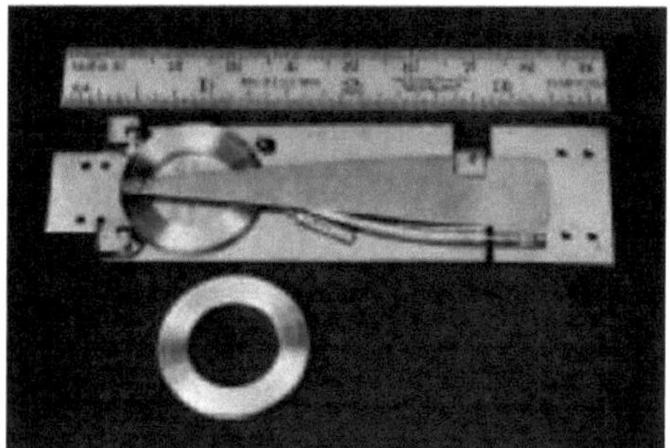

Fig 8. Extensómetro mecânico

Escolha da bitola

Pode haver uma aplicação - calibre específico concebido para uma determinada tarefa de medição, tal como determinação de tensão residual, força dos parafusos ou avaliação de tensão interna do betão. Caso contrário, para a medição de tensão geral, a escolha deve ser feita de acordo com vários critérios. Estes incluem nível de deformação previsto, temperatura operacional, condições ambientais de instalação e teste, material a ser testado, compensação de temperatura, compatibilidade da amostra e do transportador do extensômetro com o adesivo escolhido e, finalmente, o comprimento do extensômetro.

Um comprimento curto só deve ser escolhido onde o tamanho do espécime ou a concentração de tensão esperada assim o ditar. Os materiais de amostra formados por materiais compactados ou ligados (cimento, betão, aglomerado, etc.) requerem comprimentos de bitola pelo menos três vezes superiores ao tamanho máximo das partículas mas, para além desta consideração, não há vantagem em escolher uma bitola longa. Em geral, a facilidade de manuseamento e instalação, a aplicação de adesivos, a disponibilidade de espaço e o desempenho adequado irão sugerir um calibre de chapa entre 3 e 10mm para utilização em metais.

A área da bitola, em conjunto com a resistência da bitola também tem de ser tida em conta quando se considera a estabilidade total da instrumentação. Tanto a resistência do calibre como a tensão de excitação ditam a energia a ser gerada no calibre, o que, juntamente com a área do calibre, determinará a densidade de potência. A quantidade de calor gerada deve ser suficientemente pequena para que, durante o período de medição, haja uma estabilidade de temperatura aceitável. Como guia 0- 005 watts/mm^2 seria aceitável para testes estáticos em amostras de metal utilizando bitolas de folha onde fosse necessária uma precisão moderada. Os calibres de lâminas, por terem uma maior área de superfície/resistência, podem dissipar melhor o calor do que os calibres de fios do mesmo tamanho. As amostras de metal são melhores dissipadores de calor do que (por exemplo) plásticos, enquanto as medições de curto prazo ou dinâmicas requerem menos precisão fundamental do que as de condições estáticas ou de longa duração, de modo que o valor recomendado para a densidade de potência pode variar.

4.2 TESTE DE TENSILE

Os testes de tracção são utilizados para determinar como os materiais se comportarão sob carga de tensão. Num teste de tracção simples, uma amostra é tipicamente puxada até ao seu ponto de ruptura para determinar a resistência máxima à tracção do material. A quantidade de força (F) aplicada à amostra e o alongamento (AL) da amostra são medidos ao longo de todo o ensaio. As propriedades do material são frequentemente expressas em termos de tensão (força por unidade de área, o) e deformação (mudança percentual no comprimento, a). Para obter tensão, as medições de força são divididas pela área da secção transversal da amostra (o = F/A). As medições de tensão são obtidas dividindo a variação do comprimento pelo comprimento inicial da amostra (a = AL/L). Estes valores são então apresentados num gráfico XY chamado curva tensão-deformação. Os procedimentos de teste e medição variam com base no material a ser testado e na sua aplicação pretendida.

Fig 9: Teste de tracção

Os testes de tracção são críticos para a selecção de materiais apropriados durante a investigação e desenvolvimento. Os ensaios de tracção também podem ser utilizados para verificar se os materiais aderem aos requisitos mínimos de resistência e alongamento. Desde cabos de pontes suspensas a arneses de segurança, as vidas podem depender da qualidade dos seus materiais e produtos, pelo que a realização de testes de tracção precisos e fiáveis é uma necessidade absoluta. As consequências da não adesão a padrões elevados podem ser graves tanto em custos monetários como humanos. A utilização de materiais impróprios pode resultar na destruição de bens e perda significativa de vidas humanas. Os custos das catástrofes provocadas pela utilização de materiais abaixo dos padrões geralmente excedem largamente os custos da realização de testes de tracção regulares.

Tipos de Testes de Tensão

Existem muitas variantes diferentes de ensaios de tracção, mas alguns dos ensaios mais comuns são: tensão, aderência de tracção, cisalhamento de tracção, agarramento de tracção, tração de tracção, fadiga de tracção, e deformação por tracção. Na maioria destes ensaios, a amostra é carregada até falhar ou fracturar com a principal diferença no tipo de geometria da amostra e no dispositivo de ensaio de tracção associado utilizado. Os ensaios de fadiga de tensão diferem não só no tipo de aderência, mas também no tipo de máquina de ensaio. É realizado carregando o material a uma força positiva e depois reduzindo a carga a zero e repetindo este processo até a amostra falhar com o número de ciclos até à falha como o valor desejado a ser medido. A deformação por tracção é semelhante a isto, excepto que a carga não é alterada, mas sim aplicada de forma constante até a amostra falhar.

Aplicações de Tensile Testing

As aplicações típicas dos ensaios de tracção são destacadas nas secções seguintes:

Indústria Aeroespacial

- Testes de casca em compósitos de fuselagem
- Testes de resistência ao cisalhamento e à tracção de elementos de fixação, por exemplo, parafusos, porcas e porcas
- Testes de tensão e resistência do material de ligações adesivas, têxteis e tapetes de aviões, cabos, mangueiras e tubos, juntas e o-rings, cintos de segurança, juntas soldadas e crimpadas, teares de cabos e arneses

Indústria Automóvel

- Avaliação da qualidade através de testes de tracção dos acessórios interiores incluindo: airbags, tapetes, painéis de instrumentos, arnês eléctrico (incluindo terminais frisados com força de tracção), pegas, acabamentos laminados, espelhos, vedantes e cintos de segurança e alavancas de travão de mão.
- Avaliação da qualidade através de testes de tracção de acessórios exteriores incluindo: molduras e guarnições de pára-choques, vedações de portas e janelas, emblemas e placas numéricas, espelhos e abas de lama

Indústria de Bebidas

- Resistência da casca de folhas seladas por indução e etiquetas
- Força de tracção necessária para abrir 'puxadores de anel' em bevcans
- Teste da força de extracção da cortiça

Indústria eléctrica e electrónica

- Força de retirada dos conectores
- Forças de tracção de contactos eléctricos engastados, soldados ou soldados
- Força de tracção componente-para-PCB
- Resistência à tracção do material PCB

Indústria de Dispositivos Médicos

- Força de retenção hipodérmica agulha-a-cubo
- Resistência à tracção e alongamento na ruptura de tubos médicos, ligaduras,

pensos e fitas

- Resistência dos encaixes dos conectores IV
- Ensaio de tracção de sutura para agulhas
- Resistência à tracção do material de sutura e nó
- Força articular e alongamento de material das máscaras respiratórias
- Elongação e resistência à tracção das luvas de exame

Resistência mecânica dos componentes dos implantes ortopédicos

Indústria de embalagem

- Teste de adesivo/peel de adesivos, selos de contentores e etiquetas
- Força associada à abertura de tampas de pressão, tampas pop-caps e outros fechos de puxar
- Elongação de materiais de embalagem de plástico

Indústria de Papel e Cartão

- Abertura de embalagens à base de cartão e papel
- Características de dobragem de caixas e caixas de cartão
- Forçar a separação de documentos em várias partes
- Durabilidade dos documentos

Padrões de teste de tracção

Há um vasto número de normas de ensaio de tracção desenvolvidas por organizações como a ASTM, BSI, DIN, ISO e MIL.

As normas de ensaio comummente utilizadas incluem:

- ASTM B913, ASTM D76, ASTM D1876, ASTM D3822, ASTM D412, ASTM D638, ASTM D828, ASTM E8
- BS 5G 178, BS PT 1895
- ISO 37, ISO 527, ISO 1924, ISO 13934
- MIL-C-39029, MIL-T-7928

4.3 VIC-2D

O Vic-2D utiliza a técnica de correlação de imagem digital para fazer medições de deformação. Este sistema é capaz de fornecer mapas de deformação bidimensionais de toda uma superfície de espécime planar. O equipamento consiste em software informático e uma câmara digital com lente e resolução adequadas. A câmara digital regista as imagens durante o processo de teste mecânico e o software analisa as imagens e calcula os deslocamentos axiais e transversais, bem como as deformações axiais, transversais e de cisalhamento.Para o sucesso das medições de deformação com o Vic2D, é indispensável obter um bom padrão de manchas.

O padrão do mancha pode ocorrer naturalmente ou pode ser aplicado. Pode ser aplicado com tinta branca e preta. Primeiro pintar a superfície com uma camada fina de tinta branca (pode ser pincel ou tinta spray) e depois aplicar uma névoa negra de tinta (tinta spray) para criar as manchas pretas. Para aplicar a névoa negra de tinta é essencial manter uma distância aproximada de dois metros entre o espécime e o spray. O padrão de manchas precisa de ser aplicado considerando a relação entre o tamanho dos pixels representados numa amostra e a quantidade de pixels por mancha preta. Para tirar as imagens durante o período de deformação, a amostra precisa de estar preparada para ser submetida ao teste mecânico.

Depois de a amostra e a máquina universal de testes estarem instaladas, seleccionar uma posição acessível para a câmara digital e ajustar a distância focal para fixar e adquirir uma imagem nítida. Ajustar o alcance da abertura da lente da câmara com o menor número f possível para permitir a entrada da máxima quantidade de luz. A iluminação tem de ser apropriada. A amostra tem de ser iluminada por uma fonte de luz branca padrão. Se a iluminação ambiente não for suficiente, poderá ser necessária iluminação adicional. Antes de iniciar o teste, é tirada uma fotografia para referência (imagem não deformada). Enquanto a amostra está sujeita a cargas externas, são tiradas fotografias consecutivas (imagens deformadas).

4.4 GRELHA DE FIBRA DE GABARITO

A rede de fibra de Bragg (FBG) são dispositivos de fibra intrínsecos, que funcionam regendo as propriedades de propagação da luz num núcleo de fibra fotossensível. Este método está em rápida evolução porque tenta toda a aparência das fibras ópticas com alguns benefícios adicionais, por exemplo, auto-referência, uma vez que a mensagem é encriptada em comprimento de onda e facilidade de multiplexagem facilitando a detecção distribuída. Numa grelha de fibra não existem "linhas" ou "sulcos" gravados na superfície. Em vez disso, são pontos uniformemente espaçados num núcleo de fibra onde o índice de refracção foi elevado em relação ao do resto do núcleo, iluminando-o com luz UV. Se a luz de uma fonte de banda larga for transmitida através de tal fibra, um determinado comprimento de onda é espalhado e faltará ao espectro de transmissão. O potencial dos FBGs como conjunto de sensores de tensão e temperatura em várias estruturas de betão e compostas para monitorização sanitária tinha sido estabelecido muito antes, mas na arena biomédica esta tecnologia está ainda em fase de investigação e desenvolvimento, apesar do facto de as suas capacidades de detecção multiparâmetros e minimamente invasivas os tornarem altamente adequados para aplicações médicas. Para aplicações in vivo, os FBGs têm uma vantagem sobre os medidores convencionais porque têm menor risco de infecção e também podem ser utilizados mesmo em superfícies curvas ou em locais onde a utilização de medidores convencionais não é técnica e medicamente viável.

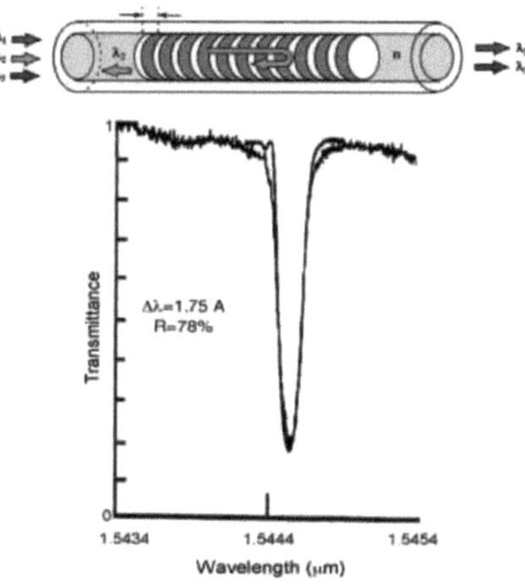

Fig 11: Esquema da rede de Bragg de fibra e do seu espectro de transmissão

Se uma fonte de luz de uma fonte de banda larga for transmitida através de tal fibra, um comprimento de onda separado é exacerbado e falta o espectro de transmissão. A série de sensores de intensidade e temperatura de FBGs foi inicialmente estabelecida em várias estruturas de betão e mistas para monitorização sanitária, mas no campo biomédico esta tecnologia está ainda em investigação e desenvolvimento, as suas capacidades de detecção multiníveis e de baixa sensibilidade são as mais adequadas para aplicações médicas. Em aplicações VIVO, os FBGs têm uma vantagem sobre os calibradores tradicionais porque têm um pequeno risco de infecção e também podem ser utilizados em áreas onde a superfície curva ou o uso de calibradores tradicionais é técnica e clinicamente viável. Por exemplo, os medidores de tensão eléctricos tradicionais (ESGs) são considerados padrão ouro para manchas marinhas, contêm partes metálicas e estão ligados à superfície óssea. Além disso, dependendo da medição da resistência eléctrica de um ESG, este é diferente do tipo de aplicação e, portanto, não é a favor de ambientes com fortes campos eléctricos e magnéticos associados a dispositivos médicos. Além disso, não podem ser completamente imortais. Os diferentes usos dos sensores de medição da temperatura e da pressão de distribuição dos FBGs foram explorados no campo da medicina. Um sensor de corrida FBG foi proposto por uma equipa brasileira para monitorizar o movimento vital dos pacientes na UCI. O uso de sensores FBG na biomecânica dentária foi previamente investigado. A sequência incorporada de FBG pode ser utilizada para o mapeamento da pressão em diferentes articulações. O sensor baseado em FBG relatado no espaçador tibial instrumental para corrigir a má conduta durante toda a cirurgia de substituição do joelho. O sensor tem uma linha de FBG embutida em compósito reforçado com fibra. Foram realizados alguns estudos sobre a possível utilização de FBG, tais como traumas raciais nos ossos. Embora as medidas de Vivo em seres humanos não sejam muito comuns, investigadores do Hospital Universitário de Haddassa, Israel, alguns dos activistas voluntários utilizaram escovas de osso feitas para o efeito. Talaia et al. inicialmente relataram a gama de sensores FBG para estudar as espécies na estabilização da fractura do osso sintético da coxa. Fresvig & colegas confirmaram a utilização de sensores FBG em vez de ESGs para serem tão bizarros como o padrão ósseo feminino do cadáver humano na situação de carga de exercício.

Tipos de Grelha de Fibra de Bragg

Existem muitos tipos de grelhas de Bragg de fibra, elas são

> Grelhas de Bragg de fibra óptica

> Grelhas de Bragg de fibra padrão

> Grelhas de Bragg de fibra de alívio de superfície

Numa rede de Bragg de fibra óptica, o Bragg existe na fibra óptica e reflecte uma largura de banda muito estreita de luz que está centrada no comprimento de onda de Bragg no espectro de transmissão. As redes de Bragg de fibra óptica padrão têm modulações periódicas no índice de refracção da fibra. As redes de Bragg de fibra de alívio superficial são semelhantes a uma FBG padrão, excepto no método de fabrico. As redes de Bragg em fibra de alívio superficial são gravadas fisicamente na fibra e permitem que esta funcione a altas temperaturas. Os sensores de fibra de Bragg são utilizados para medir vários parâmetros que introduzem uma alteração no comprimento de onda de reflexão da FBG. Estão normalmente disponíveis outras redes de Bragg de fibra óptica.

Especificações

Existem várias formas de funcionamento das grades de Bragg de fibra (FBGs). As redes de Bragg de fibra óptica têm baixas perdas de inserção e permitem o fabrico a baixo custo de dispositivos ópticos selectivos de alta qualidade em comprimento de onda. Uma rede de Bragg de fibra óptica funciona como um sensor quando a alteração de uma variável ambiental específica como pressão, temperatura, ou tensão estão correlacionadas com as mudanças no comprimento de onda reflectido da FBG. Alguns exemplos de especificações de redes de Bragg de fibra óptica padrão incluem um comprimento de onda central de 650 nm-1620 nm, 90% de reflectividade, largura de banda de 0,2 nm, e comprimento de fibra de 1,5 metros. As redes de Bragg em relevo superficial são gravadas no revestimento acima do núcleo das fibras D, onde a interacção permanece dentro do campo evanescente dos campos suportados. Os sensores de fibra de Bragg são utilizados para medir parâmetros tais como temperatura, tensão, pressão, vibração, e aceleração. Os sensores de rede de fibra de Bragg podem ser multiplexados e a perda inerente de baixa transmissão de 1550 nm. As redes de Fibra de Bragg (FBGs) são concebidas e fabricadas para satisfazer a maioria das especificações da indústria.

Aplicações da Grelha de Fibra de Bragg

As grades de fibra de Bragg (FBGs) são consideradas excelentes elementos sensores, adequados para medir vários parâmetros de engenharia tais como temperatura, tensão, pressão, inclinação, deslocamento, aceleração, carga, bem como a presença de várias substâncias industriais, biomédicas e químicas tanto em modos de funcionamento estáticos como dinâmicos. O FBG é também um excelente elemento formador e filtrante de sinais para um campo crescente de aplicações.

Engenharia civil e geotécnica

Os sensores e cabos FBG podem ser montados à superfície ou directamente incorporados nas estruturas que devem ser monitorizadas ou testadas tanto a curto como a longo prazo. A monitorização da saúde estrutural das infra-estruturas avalia os danos e riscos, ajuda na experimentação de novas concepções, e apoia a determinação quando são necessárias reparações ou mesmo substituições das estruturas.

Segurança e monitorização do perímetro

As grelhas de fibra de Bragg (FBG) podem ser multiplexadas a centenas de sensores por fibra, sendo o instrumento de monitorização a única limitação. Como sensores de resposta ultra-rápida quase distribuídos com fiabilidade sem igual, as FBG foram provadas no terreno como uma alternativa rentável aos sistemas convencionais de monitorização do perímetro eléctrico, exibindo também a vantagem inerente de serem electronicamente indetectáveis e imunes à IME e aos raios.

Medicina e biotecnologia

Os FBGs são pequenos e respondem muito rapidamente. Como tal, os sensores FBG contribuem significativamente para minimizar o tamanho dos braços e sondas de cirurgia robótica, ao mesmo tempo que aumentam a "inteligência" do robô, fornecendo feedback táctil limitado apenas pelas capacidades informáticas do controlador do robô e pela velocidade de processamento do instrumento óptico que monitoriza os FBGs. Alterações subtis de pressão, variações de temperatura e tensões são detectadas com precisão e transmitidas à velocidade da luz.Uma nova geração de sondas baseadas em FBG e peles inteligentes estão actualmente a ser desenvolvidas utilizando a nossa família de FBG. A endoscopia e outros campos médicos especializados estão também a introduzir sondas baseadas em FBG e dispositivos inteligentes para reduzir o tamanho e, consequentemente, o nível de intrusão na realização de testes e procedimentos em pacientes. Este é um campo em rápido crescimento e esperam-se muitas oportunidades.

Aplicações Industriais

As grelhas de fibra de Bragg fornecem novos dados para a concepção e controlo do processo em locais onde não eram possíveis medições no passado. As FBGs especiais têm um bom desempenho a temperaturas criogénicas enquanto outras FBG operam a temperaturas elevadas que se aproximam dos 1000 graus C, sem qualquer susceptibilidade à EMI. Lasers de fibra de alta potência e lasers ultra-rápidos são tecnologias emergentes rápidas para o processamento de material industrial, incluindo corte a laser, marcação a laser, soldadura a laser e perfuração a laser e a

Grade de Bragg de Fibra é um componente crítico no interior do laser de fibra para formar a cavidade de laser.

Transporte Comercial

Os centros de desenvolvimento aeroespacial em todo o mundo foram dos primeiros a adoptar a tecnologia FBG, pois reconheceram benefícios inerentes, tais como a capacidade de multiplexar muitos FBG numa só matriz, fazendo longas passagens de fibra sem necessidade de amplificação ou electricidade, e a capacidade de montar à superfície ou incorporar directamente os sensores FBG nas suas estruturas, sem risco de interferência com qualquer dos aviónicos existentes baseados em electrónica. Os FBG estão a ganhar força tanto nas indústrias aeronáuticas como nas naves espaciais. Os sistemas ferroviários beneficiam de FBGs para monitorizar também parâmetros-chave de operação: para além de monitorizar a integridade estrutural dos comboios e equipamentos críticos a bordo, os sensores FBG instalados nos comboios são fiáveisdetectar problemas com os carris em que circulam e, vice-versa, os sensores FBG implantados nos carris podem determinar o estado de saúde e a necessidade de reparação para os comboios que neles circulam. Os grandes navios de carga da indústria marítima, navios petroleiros, de GNL e outros petroleiros, navios especializados para fins militares e de exploração, beneficiam todos dos aspectos de monitorização fiável da saúde estrutural da tecnologia FBG e de um número crescente de integradores de sistemas que prestam excelentes serviços de implantação e formação

Telecomunicações

Os FBGs são uma tecnologia que tem demonstrado a sua utilidade na implantação de redes ópticas. Como exemplo, os cacifos de bomba são fundamentais para bloquear e estabilizar os lasers de bomba que conduzem os amplificadores ópticos dopados

Erbium. Outras aplicações na modelação de sinais, filtragem e identificação de canais de transmissão óptica continuam também a crescer.

O equipamento de teste e medição para telecomunicações também beneficia de FBGs. Os FBGs são utilizados como componentes de referência do comprimento de onda, tais FBGs são uma parte útil e integral dos circuitos ópticos para instrumentos como os analisadores de espectro óptico (OSA), monitores de desempenho óptico (OPM) para sistemas de multiplexagem por divisão do comprimento de onda (CWDM, WDM, DWDM, e UDWDM), e outros.

4.5 CORRELAÇÃO DIGITAL DE VOLUME

O DVC é uma abordagem auspiciosa para a determinação numérica, de campo completo, de distorções no osso. Inspirado em, não foram anunciadas medições empíricas de DVC para ossos inteiros e intactos, como disputado a amostras isoladas de osso trabecular. O DVC em todos os ossos prova o excesso de disputas, tais como a geometria pouco fiável da medida cúbica, os conjuntos de dados abundantes, e a relação sinal-ruído contida que podem aparecer quando os padrões de imagem são tão grandes como vértebras humanas ou fémures proximais. Digital Volume Correlation é uma nova técnica para o mapeamento de deformação e deformação 3D de volume total. O DVC é capaz de identificar defeitos e fissuras antes de serem visíveis na imagem em bruto, e de quantificar as características do material. A técnica utiliza imagens de volume do componente em estados de referência e deformados. As imagens são consistentemente capturadas a partir de sistemas de Tomografia Computadorizada por Raios X (TC de raios X), mas podem ser uniformemente recolhidas por sistemas de Ressonância Magnética (MRI) para sujeitos biológicos, ou através de tomografia óptica para meios puros. O DVC foi utilizado para explorar a variação espacial da dilatação de partículas em função do estado de carga da bateria.

Antes do DVC, era quase impossível medir as propriedades mecânicas do osso e calcular medições de tensão em campo cheio a um nível microestrutural. As técnicas experimentais tradicionais restringiam-se ao material a granel ou apenas à superfície. O DVC permitiu aos utilizadores fazer medições precisas da deformação óssea em volume total, incluindo micro movimento relativo aos implantes. Por sua vez, isto permite a validação e melhoria de modelos de elementos finitos (FE); o DVC divide a imagem em sub-volumes de interrogação. Para cada sub-volume é calculado o deslocamento das características contidas. No caso do CT de raios X, o padrão é devido a alterações na densidade do material, tais como variações nas características do material, a existência de partículas de diferentes tipos de material, ou vazios de ar presentes em materiais como betão ou solo. No exemplo abaixo, foi medido o deslocamento do solo em relação ao crescimento das raízes do milho: Um assunto extremamente importante porque a impedância mecânica dos solos determina os padrões de crescimento das raízes das plantas.

Fig 12: Variação espacial na dilatação de partículas em função do estado de carga da bateria

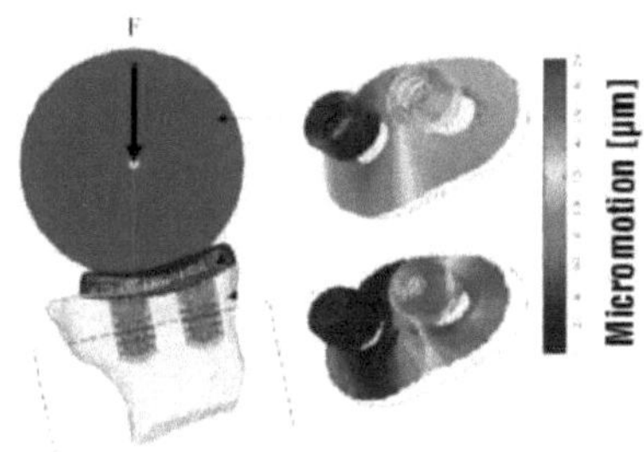

Fig 13: Aperfeiçoamento do modelo de elementos finitos

4.6 MÉTODO DE CORRELAÇÃO DIGITAL SPECKLE

O método de correlação de manchas digitais (DSCM) é uma ferramenta prática e sem contacto para a medição quantitativa da deformação da superfície de um objecto plano. O método baseia-se na correlação da superfície do speckle do objecto antes e depois da deformação e fornece medição de todo o campo com sub-pixel de precisão. Há dois passos de rotina de optimização envolvendo uma pesquisa grosseira seguida de um algoritmo de PSO com peso de inércia adaptável que foi desenvolvido por Wang é implementado. A rotina de optimização é ainda melhorada utilizando uma técnica inteligente de selecção automática de tamanho de subconjunto desenvolvida por Pan. O princípio do DSCM é seguir o deslocamento de uma pequena subimagem de tamanho (2M+1) x (2M+1) pixels entre a imagem de referência e a imagem deformada.

O rastreio é possível através do exame da intensidade de pixel da subimagem entre a imagem de referência e a imagem deformada utilizando a função de correlação. Esta técnica baseia-se no pressuposto de que o padrão de manchas deve ser aleatório, de modo a que a subimagem de tamanho (2M+1) x (2M+1) pixels formará uma "impressão digital" única para o DSCM rastrear.

4.7.CORRELAÇÃO DE IMAGEM DIGITAL

Foi utilizado para medir a tensão superficial. A dispersão colectiva do DIC pode ser interpretada pela sua tractabilidade, escalabilidade a uma vasta gama de medidas cúbicas, a força do seu princípio de funcionamento, e a sua facilidade de utilização. O DIC foi introduzido no início dos anos 80, com o primeiro sistema desenvolvido na Universidade da Carolina do Sul, tendo sido posteriormente melhorado.

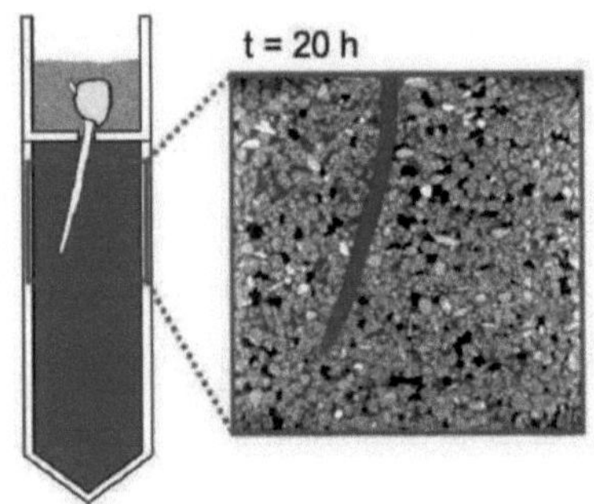

Fig 14: Deslocamento do solo em relação ao crescimento das raízes do milho

As primeiras aplicações do DIC em biomecânica datam dos anos 90. Durante a primeira década do novo século, o DIC foi aplicado regularmente no campo biomecânico, com escrita caseira. Mais tarde, várias empresas desenvolveram sistemas proprietários de DIC. DIC é baseado em conjuntos de imagens da superfície do espécime nos estados não deformados (referência) e deformados. DIC pode ser implementado tanto numa versão bidimensional (2D-DIC, com uma única câmara) como tri-dimensional (3D-DIC, usando duas ou mais câmaras).

É necessária uma calibração para inicializar os processos de correlação espacial do DIC. As imagens são divididas em sub-imagens menores (facetas), e um algoritmo de correspondência é utilizado para combinar as facetas entre os estados de referência e os deformados. O campo de deslocamento é então calculado. Subsequentemente, o campo de deformação é obtido por derivação. DIC é uma técnica óptica sem contacto para medir estirpes.DIC compara uma série de imagens de escala cinzenta de uma amostra em diferentes fases de deformação, rastreia o movimento de pixels no ROI e calcula o deslocamento e a deformação através do uso de algoritmo de correlação.

Basicamente o DIC consiste no mínimo em câmara digital, objectiva zoom e software para PC. Também o DIC é um método de análise de imagem de campo completo, baseado na imagem digital de valor cinzento. Esta técnica pode ser usada para medir o contorno, utilizada para muitos testes como tracção, torção, flexão, combinação de estática e dinâmica. DIC é também uma técnica de medição difusa, uma vez que faz a média do campo de deslocamento sobre a janela de correlação. Devido ao rápido desenvolvimento de novas câmaras digitais de alta resolução para aplicação tanto estática como dinâmica. Os dados resultantes da estática são deslocamento 3-D, defeito de deformação e para dinâmica é deslocamento 3-D, amplitude de vibração, defeitos.

O princípio básico ou o trabalho de processamento é feito pelo software; ele calcula a intensidade média da escala de cinzentos sobre o subconjunto na imagem de referência e imagem deformada e compara-os. A equação mostra a forma básica do termo de correlação cruzada utilizando as duas imagens consecutivas.

$$c(u,v) = \sum_i \sum_j L_1\left(r_i, s_j\right) L_2\left(r_i + u_L, s_j + v_L\right)$$

5. VISÃO GERAL DA CORRELAÇÃO DE IMAGENS DIGITAIS

Nos últimos anos, a técnica de Correlação Digital de Imagem (DIC) é amplamente utilizada para a medição de deslocamento na mecânica experimental dos sólidos. Em comparação com os métodos de interferometria, a técnica DIC tem merecido uma atenção substancial, uma vez que não requer uma configuração experimental rigorosa e um sistema óptico complexo. Além disso, a medição da deformação da superfície utilizando a técnica DIC pode ser realizada sem esforço, uma vez que não requer nem o processamento de franjas nem a análise de fase.

Embora a simplicidade teórica da técnica DIC seja tão atractiva, a deformação da superfície e as medições de deformação ainda requerem um enorme custo computacional. Por conseguinte, os algoritmos DIC têm sido gradualmente modificados e melhorados nas últimas três décadas, a fim de aumentar a sua eficiência computacional e precisão de medição. Hoje em dia, podem encontrar-se na literatura numerosas aplicações bem sucedidas de diferentes áreas, pelo que é necessário um artigo de revisão que explique sistematicamente o desenvolvimento da técnica DIC. Em 2009, Pan et al. publicaram um artigo que revê extensivamente o desenvolvimento dos algoritmos DIC. No seu artigo, a informação técnica sobre a técnica DIC foi apresentada de uma forma informativa. No entanto, o desenvolvimento da técnica DIC ao longo dos anos não foi apresentado de forma sistemática e cronológica.

Uma revisão mais sistemática da técnica DIC desta forma parece ser desejável para os leitores compreenderem o aperfeiçoamento da técnica DIC ao longo dos anos. Por conseguinte, neste artigo é apresentada uma revisão do desenvolvimento do algoritmo bidimensional DIC de uma forma cronológica. As discussões centram-se em dois aspectos distintos do melhoramento dos algoritmos 2D-DIC: a sua eficiência computacional e precisão de medição. Além disso, a análise da precisão do 2D-DIC é incluída, seguida de uma revisão das aplicações do DIC na medição bidimensional. Os princípios da fotogrametria foram inicialmente desenvolvidos como um meio para criar mapas a partir de fotografias aéreas. As distâncias medidas em filme têm uma relação directa com as distâncias reais.

O advento da câmara digital e computadores substituíram o filme, permitindo a análise fotogramétrica por um computador. A medição fundamental feita é de valores de intensidade luminosa digitalizada através de uma matriz rectangular de pixels embutidos nas câmaras CCD. Cada célula da matriz armazena um valor numérico em escala de cinzento relacionado com a intensidade da luz reflectida a partir do objecto. Através de um processo de correlação, um computador é capaz de reconhecer e seguir um ponto específico definido pelos valores de intensidade da luz envolvente numa série de imagens.

Seguindo pontos discretos em imagens tiradas por um par de câmaras estéreo e aplicando princípios fotográficos gramaticais, a forma, a tensão e o deslocamento podem ser medidos. Antes dos testes, os princípios fotogramétricos de triangulação e ajustamento do feixe são amplamente utilizados na determinação das posições das câmaras em relação umas às outras. Os pacotes DIC incluem normalmente painéis de calibração com uma série de pontos sobre uma superfície plana rígida. O painel de calibração é dimensionado de modo a preencher o campo de visão desejado para as medições a seguir. A distância conhecida entre os pontos é introduzida no software.

Uma série de instantâneos do painel de calibração são analisados pelo software DIC, permitindo que a posição das câmaras em relação umas às outras e os parâmetros de distorção interna de cada lente sejam contabilizados. Uma série de pares de imagens são tiradas durante o decurso de uma experiência. O primeiro par de imagens é definido como a fase de referência à qual todas as fases subsequentes são comparadas. O computador divide as imagens em facetas (ou subconjuntos) sobrepostas, tipicamente de 10-20 pixels quadrados. Para que a correlação funcione, os cantos de cada faceta devem ser correspondidos dentro da "impressão digital" envolvente dos valores de intensidade luminosa. É por isso que um padrão de manchas é aplicado ao objecto antes da imagem. Um padrão aleatório de alto contraste de cinzento funciona melhor com manchas com um diâmetro de cerca de 5 pixels quando visto por uma câmara.

O processo de correlação está bem documentado em e para medição bidimensional e para DIC tridimensional. Os estudos de vibrações requerem frequentemente a medição de pequenos deslocamentos. Portanto, a sensibilidade da medição DIC deve ser compreendida, especialmente para medições na direcção fora do plano. A relação entre o tamanho do pixel e o tamanho da amostra do objecto deve ser conhecida. Isto é normalmente feito dividindo a largura do campo de visão pelo número de pixels activos ao longo da largura da matriz de pixels para obter uma distância por pixel. A sensibilidade irá diminuir à medida que este número for aumentando. Para o sistema utilizado, a medição fora do plano tem uma precisão de sub-pixel de aproximadamente 0,03 pixel, enquanto que a medição dentro do plano é muito mais precisa, geralmente na ordem de 0,01 pixel. Estes valores de sensibilidade variam dependendo de uma série de factores, incluindo a iluminação e a uniformidade do padrão de manchas.

Recentemente, foi proposto um novo método de correlação de imagem assistida por difracção (DAIC) usando uma única câmara e uma grelha de difracção de transmissão para medição da forma e deformação 3D de pequenos objectos com um tamanho que varia de sub milímetros a alguns centímetros. Comparado com o método estereo-DIC microscópico existente, utilizando duas câmaras digitais e um microscópio estéreo leve, o método DAIC oferece duas vantagens atractivas:

(1) sistema de medição simples e de baixo custo: O sistema óptico requer apenas uma única câmara, um microscópio de luz, uma fonte quase-monocromática e uma grelha de difracção de transmissão.
(2) O preço do sistema global é muito mais barato do que o dos sistemas 3D-DIC microscópicos existentes que utilizam um microscópio estereoscópico leve e duas câmaras digitais.

6. CÁLCULO DA DEFORMAÇÃO UTILIZANDO DIC

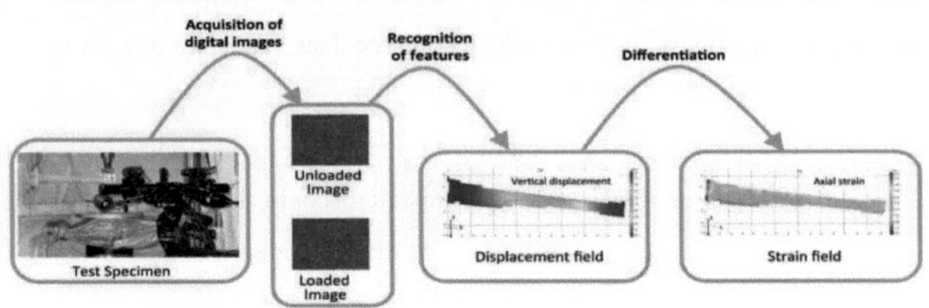

Fig 14: Fluxo de trabalho de medição de deslocamento e deformação DIC

Considerando a curvatura do objecto, a deformação pode ser calculada pelo parâmetro da transformação afim e pelos gradientes da deformação. A correlação da imagem digital é um método óptico que utiliza uma análise de correlação matemática para examinar os dados da imagem digital recolhidos enquanto as amostras estão em testes mecânicos. Esta técnica consiste em capturar imagens consecutivas com uma câmara digital durante o período de deformação para avaliar a alteração das características da superfície e compreender o comportamento do espécime enquanto está sujeito a cargas incrementais. Para aplicar este método, a amostra precisa de ser preparada através da aplicação de um padrão de pontos aleatórios (padrão de manchas) à sua superfície. Esta técnica começa com uma imagem antes do carregamento (imagem de referência) e depois uma série de imagens são tiradas durante o processo de deformação (imagens deformadas). Todas as imagens deformadas mostram um padrão de pontos aleatórios diferente em relação à imagem de referência inicial não deformada. Com programas informáticos, estas diferenças entre padrões podem ser calculadas através da correlação de todos os pixels da imagem de referência e qualquer imagem deformada, e pode ser criado um mapa de distribuição de deformação.

A correlação de imagens digitais requer software informático e uma câmara digital apropriada. Para obter medições precisas com esta técnica, é importante considerar algumas variáveis. Os resultados dependerão da resolução da imagem digital (colunas de pixels (c) x linhas de pixels (r)), da largura (w) e da altura (h) do espécime, da distância entre a câmara e o espécime (d), da distância focal da lente (f), e da aplicação do padrão de manchas.

A resolução refere-se ao número de pixels de uma imagem e descreve quantos detalhes podem ser apreciados numa imagem. A resolução da imagem e a superfície do espécime pode ser relacionada para determinar a quantidade de espaço que cada píxel vai representar na imagem do espécime. Para determinar a quantidade de espaço representado por um pixel numa imagem de espécime, as dimensões do espécime (largura e altura) têm de ser divididas pela resolução da câmara (colunas e linhas de píxeis). Duas equações diferentes podem ser utilizadas para determinar o espaço de píxeis representado numa imagem.

$$\zeta_w = \frac{w}{c} - - - - eqn\ (1)$$

$$\zeta_h = \frac{h}{r} - - - - eqn\ (2)$$

A equação 1 permite calcular a largura de pixel representada na imagem espécime, onde a largura de pixel, w é a largura do espécime e c é o número de colunas de pixel na imagem. A equação 2 permite calcular a altura dos pixels representados na imagem espécime, onde a altura dos pixels, h é a altura do espécime e r é o número de linhas de pixels na imagem.

Todas as resoluções das câmaras digitais têm uma relação de aspecto 4:3 ou 3:2. A maioria das câmaras digitais e as mais comuns têm uma resolução de imagem de 4:3 (ou seja, 800 x 600, 1024 x 768, 1280 x 960, etc.). Para explicar a relação entre a resolução da imagem e as dimensões do espécime, serão utilizadas resoluções de formato 4:3. É importante salientar que as amostras devem ocupar a maior parte do espaço possível numa imagem para maximizar a quantidade de pixels utilizados. Com uma resolução de proporção 4:3, a área de superfície ideal numa amostra para utilizar todos os pixels de uma imagem é um rectângulo com uma proporção de proporção 4:3 também (ou seja, 4 x 3, 8 x 6, 12 x 9, etc.).

Aplicações de Correlação de Imagem Digital

Engenharia biomédica

A engenharia biomédica combina a concepção e a capacidade de resolução de problemas da engenharia com as ciências médicas e biológicas para melhorar o diagnóstico e tratamento dos cuidados de saúde. As aplicações incluem o desenvolvimento de próteses, dispositivos médicos, implantes, e tecnologias como o crescimento regenerativo de tecidos, bem como de fármacos farmacêuticos.

Componentes electrónicos

Os componentes electrónicos são utilizados nas indústrias automóvel, de comunicação, aeroespacial e outras. A miniaturização, maior densidade de embalagens e processos de desenvolvimento acelerado têm um grande impacto na fiabilidade dos componentes electrónicos. Alterações rápidas da temperatura ambiente ou da produção interna de calor podem ocorrer durante o funcionamento. Isto pode criar tensões térmicas elevadas devido ao desajuste dos coeficientes de expansão térmica dos diferentes materiais nos componentes electrónicos. As dimensões retrácteis dos conjuntos de chips virados tornam a inspecção de choques ou juntas de solda sempre mais difícil, uma vez que as técnicas normais de controlo não destrutivo atingem os seus limites de resolução. A interferometria de padrão de mancha electrónica (ESPI) como método de medição sem contacto, de campo completo e tridimensional, lida bem com o desafio de medições de deformação em microssistemas e componentes electrónicos com uma resolução sub-micrónica.

Automotivo

A medição dos padrões de fluxo e turbulência em torno de veículos rodoviários, comboios, etc., tem sido utilizada há muito tempo para avaliar a sua eficiência aerodinâmica e para optimizar o design. Os benefícios derivados da optimização aerodinâmica incluem a redução do consumo de combustível, maior estabilidade, níveis de ruído mais baixos e maior conforto dos passageiros.

Aerodinâmica e Aeroacústica

A compreensão do movimento do fluxo de ar em torno de um objecto permite o cálculo das forças e dos momentos que actuam sobre ele. A aerodinâmica é importante para compreender na concepção e construção de edifícios, pontes, turbinas eólicas, bem como veículos e aeronaves, os dois últimos a fim de minimizar o consumo de combustível e as emissões. A aerodinâmica fornece informação vital para a compreensão dos fenómenos atmosféricos e meteorológicos. Sem esquecer a importância da aerodinâmica interna nos fluxos através de condutas, tubagens, cilindros de motor, etc. Aeroacústica é o estudo do ruído gerado quer pelo movimento turbulento dos fluidos quer pelas forças aerodinâmicas que interagem com as superfícies. Aeroacústica é importante na concepção de edifícios, pontes, turbinas eólicas, veículos e aeronaves para minimizar as vibrações e o ruído.

Hidrodinâmica e Hidráulica

A hidrodinâmica é o estudo dos líquidos em movimento. Exemplos de aplicações incluem: determinação do caudal de massa de petróleo através de condutas, medição de fluxos em torno de pilares de pontes e plataformas off shore, concepção de cascos de navios, optimização da eficiência da propulsão, previsão de padrões meteorológicos e dinâmica de ondas e medição de fluxos de metais líquidos. Diminuição do consumo de combustível, redução do arrasto nas estruturas, minimização do ruído e vibração e atenuação dos efeitos indesejáveis, como a sujidade.

A hidráulica trata das propriedades mecânicas dos líquidos, que se centra nas utilizações de engenharia das propriedades dos fluidos. As aplicações hidráulicas são o fluxo de tubos, a concepção de barragens, (fluidos e circuitos de controlo de fluidos), bombas, turbinas, energia hidroeléctrica, dinâmica de fluidos computacional, medição de caudais, comportamento de canais fluviais e erosão. Outras aplicações são; funções de válvula cardíaca, fluxos de sangue, dinâmica de ondas, transporte de sedimentação, engenharia costeira e hidrologia fluvial.

Engenharia mecânica

As máquinas estão a enfrentar todas as partes da nossa vida. Elas são uma condição essencial para uma sociedade industrial moderna. A engenharia mecânica inclui a aplicação de princípios de física para análise, concepção, fabrico e manutenção de sistemas mecânicos. A Interferometria Electrónica de Pescoço e a técnica de Correlação Digital de Imagem apoiam os engenheiros mecânicos na optimização da durabilidade e desenho útil de componentes e na melhoria da produtividade e redução de custos.

Engenharia de Processos e Química

A engenharia química é o ramo da engenharia que trata da aplicação da ciência física ao processo de conversão de matérias-primas ou produtos químicos em formas mais úteis ou valiosas. Além de produzir materiais úteis, incluindo novos materiais e técnicas, ou seja, nanotecnologia, células de combustível e engenharia biomédica. A engenharia química é aplicada no fabrico de uma grande variedade de produtos. Os engenheiros estão constantemente à procura de formas de melhorar os fluxos nos processos industriais. Os objectivos incluem melhorar a eficiência, poupar energia, melhorar o produto acabado e proteger o ambiente dos produtos residuais.

Sprays

Um bico de pulverização é um dispositivo para dispersar um líquido numa nuvem de gotículas finas. Os bicos de pulverização são utilizados para alcançar duas funções principais: aumentar a área da superfície do líquido para aumentar a evaporação, ou distribuir um líquido sobre uma área. Muitos processos requerem sistemas de pulverização para aplicar ou utilizar o líquido de forma eficiente. Exemplos incluem injectores de combustível para gasolina, Diesel, motores de foguetes e jactos, atomizadores para turbinas a gás. Este grupo de aplicação tem um grande impacto na eficiência destes sistemas e na redução das emissões de poluentes (fuligem, NOx, CO).

Para pulverizações industriais, algumas aplicações são: pulverização de líquido para arrefecimento e condicionamento de gás ou pulverização de combustível fluidizado nos fornos para queima. A indústria das bebidas: os jactos de água são utilizados para limpar os tanques de armazenamento. A indústria farmacêutica: revestimento em pastilhas e secagem por pulverização. A indústria electrónica: Para o revestimento eficiente de peças electrónicas. A indústria automóvel: pintura por pulverização de automóveis. Para uso agrícola, os bicos pulverizadores são utilizados para distribuir e descarregar insecticidas e pesticidas, incluindo água de forma eficiente nos campos.

Techniques	Sampling Frequency (Hz)	Type of Measurement	Strain Accuracy
Strain Gauge	100 Hz	Contact, Discrete	N/A
Fiber Bragg grating sensors	60 Hz	Contact, Discrete	N/A
Digital image correlation	3000 Hz	Non-contact, Full field	33με
Digital Volume Correlation	3×10^4 Hz	Non-contact, Full field	740με

7. COMPARAÇÃO DE DESEMPENHO DE VÁRIAS TÉCNICAS

Os Strain Gauges (SGs) são frequentemente considerados padrão de ouro para medições de pressão sobre o osso. No entanto, não é fácil receber dados racistas precisos com os SGs. As propriedades ósseas não satisfazem necessariamente os requisitos de síntese de SG, e os procedimentos de optimização das superfícies ósseas para medições de SG requerem treino e perícia. Além disso, a medida de SG fornece restrições internas ao osso. Os SGs só podem registar a pressão média da área em que estão ligados. O número de SG aplicáveis no modelo é limitado por obstáculos práticos, por exemplo, a presença limitada de áreas suficientemente planas na superfície óssea, barreiras de fios eléctricos, etc.

As principais vantagens do FBGS são imunes a pequenas dimensões, baixo peso, biomassa, condições químicas, e interferência electromagnética. A maioria destas características indicam benefícios consideráveis na aplicação VIVO de FBGS. Os FBGS estão comercialmente disponíveis na configuração Rosetta (e os seus principais componentes são semelhantes aos SGs), ambas aplicações encontradas na mecânica óssea que utilizam FBGS de fibra única. Isto sugere um limite a estes estudos, uma vez que a hipótese de espécies principais de acordo com o Eixo do Eixo não existe na interface osso-implante. O DVC é a ferramenta mais eficaz para lidar com a completa distribuição de tensão 3D de campo em modelos ósseos. Contudo, há dois grandes problemas a resolver: (i) os níveis de pCT nas varreduras e o tempo necessário para obter um volume de pCT (ii). Para a primeira questão, a utilização de scanners tomográficos baseados em sincrónicos ajudará a resolver esse limite no futuro.

Embora limitados no campo de visão, os scanners tomográficos de base síncrona permitem resoluções de alta qualidade e imagens de baixo ruído, que se devem ao alto brilho e à negação da fonte de raios X. No tempo necessário para ganhar um volume da cidade, refere-se actualmente a um limite sério para estudos de DVC, uma digitalização completa demora várias horas. Isto significa que a resposta óssea em tempo real, bem como os efeitos de fluência e relaxamento do stress no osso não podem ser investigados. O DIC tem algumas vantagens sobre as práticas acima referidas. Antes de mais, a resposta de tensão óssea é mais do que o número limitado de medições de tipo discreto. O segundo benefício é a natureza sem contacto do DIC, o que reduziu ao mínimo o efeito de reforço.

Finalmente, o rápido desenvolvimento da tecnologia da imagem digital dá a oportunidade de obter dados espaciais e de curvas temporais mais precisas. A aplicação correcta dos parâmetros interactivos do DIC precisa de ser optimizada para essa aplicação específica. Não tem um conjunto de parâmetros de parâmetros, ou faz uma fórmula excepcional para o seu cálculo. Simplesmente, o subconjunto maior, que tem mais informação, aumentando assim a probabilidade de se conseguir uma melhor correlação. Por outro lado, o crescimento do subconjunto leva a uma diminuição da resolução territorial. Da mesma forma, a dimensão do passo aumenta o número de espécies calculadas através do cálculo, mas reduz a clareza territorial. Em última análise, há necessidade de encontrar um comércio adequado entre estes parâmetros, o que resulta em experiência e testes substanciais.

8. DISCUSSÃO

O objectivo desta análise era fornecer os meios para concluir qual dos métodos revistos melhor se adequava às necessidades da experiência do leitor. Parece evidente que nenhum método é claramente superior aos outros. No entanto, podem ser tiradas as seguintes conclusões. Apesar de serem antigos, os SGs continuam a ser o padrão de ouro quando se trata de precisão de tensão e repetibilidade de medição. São recomendados para medições precisas e discretas em locais específicos que podem ser a priori determinados. Os FBGS têm menor precisão e exactidão do que os SGs. Os FBGSs são recomendados para regiões onde a aplicação de SG é prejudicada por razões práticas. A interface entre o córtex ósseo interno e um implante artificial é um exemplo típico disto. A correlação digital de volume pode aumentar o conhecimento em termos de distribuição de tensão interna no osso em resposta a diferentes condições de carga e quando se aproxima o rendimento. No entanto, o DVC é sensível ao ruído nos dados de deformação obtidos. Tais efeitos de ruído precisam de ser controlados e medidos a fim de se obter uma resolução de deformação adequada. Além disso, o longo tempo de aquisição limita actualmente a capacidade de utilização a experiências em que a resposta da estirpe em tempo real não é crucial. O DIC apresenta vantagens sobre os SG, incluindo mas não se limitando ao maior número de medições, o que permite a reconstrução de padrões de estirpes de campo completo. No entanto, a estimativa da resolução espacial das medições DIC não é trivial, e o ruído tem de ser tratado com cuidado. Por conseguinte, futuros estudos que adoptem DIC devem relatar todos os detalhes do seu procedimento, especialmente incluindo os parâmetros escolhidos para calcular os coeficientes de correlação (tamanho do subconjunto, tamanho do passo, etc.)

Referência

1. Medição de Concentrações de Tensão em Junções Soldadas usando Correlação Digital de Imagem
2. Medições de deformação com o Sistema de Correlação de Imagem Digital Vic-2D Por Rommel CintronUniversidade de Porto Rico, Mayaguez Dr. Victor Saouma Universidade do Colorado, Boulder
3. Medição de Deslocamentos sem Contacto _sing an Improved Particle Swarm Optimization based Digital Speckle Correlation Method K. S. Chew, K. Zarrabi
4. Medir Distribuição de Tensão Usando Correlação de Imagem Digital (DIC) para Testes de Tensão pelo Dr. Lianxiang Yang (PI) Dr. Lorenzo Smith (Co-PI)
5. 3D digitalimagecorrelationmethodsforfull-field vibration measurement, Mark N.Helfrick , ChristopherNiezrecki , PeterAvitabile , TimothySchmidt
6. Medições de campo completo de padrões de deformação heterogéneos em espumas poliméricas usando correlação de imagens digitais, Yu Wang, Alberto M. Cuiti~no
7. Aplicação de correlação de imagem 3D para medições de deformação transitórias de placas em campo total durante o carregamento da explosãoVikrant Tiwari , Michael A. Sutton , S.R. McNeill , ShaowenXu , Xiaomin Deng ,William L. Fourney , Damien Bretall
8. Um sistema de medição e controlo de tensão em tempo real sem contacto para testes multi-axiais cíclicos/de fadiga de materiais poliméricos pelo método de correlação de imagem digital Gang Tao, Zihui Xia
9. Medição de tensão sem contacto no modelo de carregamento do antebraço do rato utilizando a correlação digital de imagem (DIC), Mark T. Begonia , Mark Dallas , Bruno Vizcarra , Ying Liu, Mark L. Johnson, Ganesh Thiagarajan
10. Precisão experimental de medições de tensão bidimensional usando a Correlação de Imagem Digital Neil A. Hoult , W. Andy Take , Chris Lee , Michael Dutton
11. Visualização da distribuição de tensão superficial da pele facial usando a estereovisão Nagisa Miura, Tsubasa Sakamoto, Yuichi Aoyagi, Satoru Yoneyama
12. http://www.ni.com/white-paper/3642/en/
13. https://www.azosensors.com/article.aspx?ArticleID=194
14. https://www.admet.com/testing-applications/test-types/tension-testing/
15. https://www.azom.com/article.aspx?ArticleID=5551

16. https://technicasa.com/application/
17. https://www.dantecdynamics.com/applications

yes

I **want** morebooks!

Buy your books fast and straightforward online - at one of world's fastest growing online book stores! Environmentally sound due to Print-on-Demand technologies.

Buy your books online at
www.morebooks.shop

Compre os seus livros mais rápido e diretamente na internet, em uma das livrarias on-line com o maior crescimento no mundo! Produção que protege o meio ambiente através das tecnologias de impressão sob demanda.

Compre os seus livros on-line em
www.morebooks.shop

info@omniscriptum.com
www.omniscriptum.com

Printed by Books on Demand GmbH, Norderstedt / Germany